CONSIDÉRATIONS

OU NOTICES

Sur les décès, dont la moyenne a surpassé les naissances de 17 p. 0/0, à Rouen, pendant les cinq dernières années, 1847, 1848, 1849, 1850 et 1851 ; — Sur les causes présumées de cet excédant de décès ; — La courte longévité commune des habitants de cette ville, en prenant pour base les décès arrivés du 1er août au 2 septembre 1852, époque de la plus grande abondance de travaux et de choses nécessaires à la vie ; — La dépréciation de la valeur des propriétés dans l'enceinte du rayon de l'octroi de Rouen ;

Contenant l'indication des moyens propres à atténuer cette mortalité anticipée et à rendre et donner aux propriétés une valeur locative et vénale qu'elles n'ont peut-être jamais atteinte dans Rouen.

Ces notices intéressent MM. les propriétaires, boutiquiers, artisans, journaliers, etc., etc.

La Chambre de Commerce de Rouen, par un article inséré dans le *Journal de Rouen* du 15 octobre 1851, et ensuite la Société libre du Commerce et de l'Industrie, par un mémoire adressé au conseil municipal de Rouen que l'on trouve dans le *Mémorial de Rouen* du 10 novembre 1851, ces deux honorables compagnies constatent que le commerce ou mouvement maritime de Rouen est considérablement diminué; elles prévoient un avenir encore plus funeste lorsque les grandes lignes de chemins de fer de Nantes, Bordeaux, Marseille, seront en activité. Voir aussi, dans le *Nouvelliste* du 17 et le *Journal de Rouen* du 18 novembre 1852, une lettre de la Chambre de Commerce de Rouen à M. Fleury, maire de cette ville, par laquelle elle maintient les mêmes principes qu'elle exposait il y a un an.

Marseille fera tout le commerce de la Méditerranée et en grande partie les expéditions d'exportation du Nord de la France, qui viendront, par les chemins de fer, se joindre à Marseille aux nombreux articles de production et d'exportation de Lyon et du Midi, qui rendent les départs si fréquents. A Marseille arriveront les denrées coloniales et les cotons de la Méditerranée, du Levant et de l'Amérique, qui seront dirigés sur Lyon pour être distribués sur tous les points, notamment en Alsace, et devant servir à alimenter les fabriques cotonnières déjà fort nombreuses du Lyonnais et du Beaujolais, dont les articles sont très-estimés, quoiqu'elles tirent leurs cotons filés de Rouen, du département du Nord, etc. Ces fabriques, qui ne vendent leurs produits qu'à des marchands de Lyon, qui sont obligés, pour leur acheter, de se rendre dans leurs localités, n'ayant pas d'autres débouchés, restent pour ainsi dire dans l'enfance; elles acquerraient une grande extension si l'administration municipale de Lyon pensait à fonder dans cette ville une halle commune pour la vente en gros de leurs produits manufacturiers, qui leur permettrait de réaliser à elles seules, en vendant directement aux acheteurs qui viennent à Lyon, une grande partie des bénéfices que font sur elles les marchands de Lyon, qui leur achètent à des prix inférieurs.

Lyon, cette reine du monde pour ses fabrications de soieries, pourrait devenir une des plus importantes fabriques cotonnières; aucune ville ne peut posséder les avantages qui y sont réunis. A Lyon, là houille ou charbon de terre est au plus bas prix ; située sur le Rhône, le fleuve le plus rapide de France, dont le cours seul fait mouvoir des usines sur bateaux, l'on pourrait créer sans beaucoup de dépenses, à l'est de cette ville et du faubourg de la Guillotière, au moyen d'une très-faible partie des eaux du Rhône, un canal de plusieurs lieues de longueur qui pourrait faire mouvoir plusieurs milliers d'usines, en raison du cours de l'eau, rendu plus rapide encore par un raccourcissement de cours, comme une ligne droite est au demi-cercle.

La prospérité de la ville de Lyon et des départements du Rhône et de la Loire, qui n'en formaient qu'un lors de la création de la division départementale, a été si considérable que l'accroissement de population de ces deux départements est arrivé à un chiffre surprenant.

Suivant le Dictionnaire Vosgien, par Goigoux, imprimé en 1825, la population du département du Rhône est de. . 342,000 ⎫ 657,858 âmes.
celle de la Loire. . . . . 315,858 ⎭

Suivant le tableau des élections universelles de 1848 : (voir le supplément du *Mémorial*, 5 mai 1848.)

Rhône. . . . . . 545,635 ⎫ 999,221. Augmentation, 341,363 âmes.
Loire. . . . . . 453,586 ⎭

Recensement de 1851 : (*Moniteur* du 14 mai 1852.)

Rhône. . . . . . 574,745 ⎫ 1,047,333. Augmentation, 48,112 âmes.
Loire. . . . . . 472,528 ⎭

Total de l'accroissement. . . . . 389,475 âmes.

Seine-Inférieure, suivant le Dictionnaire de 1825 : population, 651,254 habitants.

Suivant le tableau des élections :

Population. . . . . 758,852. Accroiss., 107,598 habit.
Suivant le dénombrement de 1851. 762,039. Accroiss., 3,187

Total de l'accroissement. . . . . 110,785 habit.

Différence en plus pour Rhône et Loire. 278,680

Le département de l'Isère, qui limite la ville de Lyon et le département du Rhône, et qui profite du voisinage du département du Rhône, s'est aussi onsidérablement accru.

Suivant de Dictionnaire de 1825 :

Sa population était de 471,660 habitants.

Suivant le recensement de 1851 : (*Moniteur* du 14 mai 1852.)

Sa population était de 603,497 habitants. Augmentation de 131,837, ou 280 par mille.

Rhône et Loire, 592 par mille.

Seine-Inférieure, 172 1/6 par mille.

L'on peut apprécier, par la différence d'accroissement de population des départements du Rhône et de la Loire, combien la fortune foncière et commerciale a dû augmenter, et l'on doit trouver la cause de cette augmentation dans les mesures sages des administrations municipales des villes de Lyon et de ses faubourgs, qui ont su réduire le taux des droits d'octroi, qui, pour la ville de Lyon, sont très supportables, et pour ses faubourgs, qui composent une population d'environ 100,000 âmes, sont, pour ainsi dire, nuls ; ce qui permet aux ouvriers de vivre à meilleur marché, d'être à la portée des fabricants, et fournit à ceux-ci tous les moyens convenables à la surveillance des travaux qu'ils leur confient. C'est ainsi que les fabriques de Lyon et de Saint-Etienne sont arrivées à un degré de suprématie universelle. Il n'en peut pas être de même à Rouen : les articles soumis à de hautes taxes d'octroi sont nombreux et comprennent la ville et les faubourgs. Une partie de la population ouvrière quitte la ville ; celle qui ne peut fuir est soumise à des privations et à des besoins les plus nécessiteux, par suite de privation de travail et de faibles salaires qui ne permettent pas de suffire aux besoins des familles, d'où il résulte des décès nombreux, dont le chiffre, qui dépasse celui des naissances, est assez important pour les cinq dernières années, pour qu'il soit pris en considération ; ainsi, dans les années de 1847, 48, 49, 50, 51, les naissances se sont élevées : enfants légitimes, 11,808 ; naturels non reconnus, 2,972 ; naturels reconnus, 376 ; total, 15,156, et les décès se sont élevés à 17,752, ou 2,596 de plus que de naissances. Cet excédant de décès, qui porte particulièrement sur quatre années, est assez remarquable pour attirer l'attention de l'administration. L'année 1850 a seule fourni un excédant de naissances s'élevant à 60.

Si les années 1847, 48, 49 et 51, ont fourni 2,596 décès de plus que de naissances, soit en moyenne 649, et, en ajoutant, comme en 1850, 60 naissances de plus que de décès, cela produirait un déficit de 709 individus par an sur les quatre dites années comparées à 1850. Une telle différence devrait motiver une enquête.

Au mois d'août 1852, m'occupant de ces observations, j'ai voulu consulter la longévité commune des habitants à Rouen, en relevant les décès dans les journaux du 1er août au 2 septembre. Cedit mois d'août a fourni 292 décès, ainsi répartis : âges inconnus, 6 ; décès au-dessus de dix ans, 151, qui donnent une existence totale de 7,315 ans, ou 48 ans 5 mois 10 jours ; 135 décès de 10 ans et au-dessous n'ont vécu que 132 ans 25 jours, ou moins d'un an chacun, terme moyen.

La totalité des âges des 286 individus indiqués ci-dessus s'élève à 7,447 ans 25 jours, ou 25 ans 6 mois par sujet.

La vie commune à Paris est comptée de 35 à 36 ans ; à Lyon, 34 à 35 ans ; à Marseille, M. le secrétaire en chef de la mairie la calcule sur 33 ans ; en se réduisant à ce dernier chiffre, la vie moyenne, à Rouen, serait inférieure de 7 ans 6 mois. Si cette différence est produite par l'élévation du prix des denrées causée par les droits d'octroi et par le manque de travail qu'éprouve la classe ouvrière dont les industries qui pourraient lui en procurer se trouvent éloignées par les octrois qui frappent la ville de Rouen, ce qui la prive d'un salaire suffisant pour élever ses enfants, il faudrait reporter ces 7 ans 6 mois sur les six dixièmes de la classe nécessiteuse qui font partie de la population de la ville de Rouen, ce qui lui retirerait 12 ans 6 mois d'existence et réduirait la moyenne d'existence de cette classe nécessiteuse à 13 ans seulement.

Cette différence énorme, qui porte sur les enfants de 10 ans et au-dessous qui ne peuvent pas recevoir de leurs parents en douleur les choses nécessaires à la vie ni les soins convenables pour leur conservation.

Par ces considérations, il reste à l'administration de décider si les octrois, tels qu'ils existent à Rouen, sont une mesure d'intérêt général ou bien une voie ruineuse et homicide pour les habitants, qu'il faut s'empresser d'abandonner pour adopter la répartition de cet impôt au marc le franc de la valeur foncière à la charge des locataires, comme les portes et fenêtres.

Enfin, la ville de Rouen, étant déchargée en totalité des droits d'octroi qui, directement ou indirectement, pèsent sur les produits de son industrie, arriverait, par l'agglomération d'ouvriers et de manufacturiers, à fournir des produits perfectionnés qui seraient recherchés, ce qui lui est impossible par l'écartement des ouvriers qui oblige les manufacturiers à ne faire confectionner que des ouvrages très-ordinaires, ne pouvant surveiller les travaux qu'ils leur confient (1) ; comme le prati-

(1) Les fabricants de Rouen qui veulent faire confectionner des articles un peu supérieurs, ne pouvant se procurer que des ouvriers nomades qui ne sont pas propriétaires

quent les manufacturiers de Lyon, qui ont la majorité de leurs ouvriers dans les faubourgs considérables de la ville, où l'on ne paie que de très-faibles octrois.

Suivant le rapport de M. Bineau, ministre des finances, contenu dans le *Mémorial de Rouen* du 19 mars 1852, M. le ministre reconnaît positivement la nécessité qu'il y aurait de supprimer les octrois des villes qui élèvent trop le prix des substances alimentaires. Il ne reconnaît l'utilité du maintien des octrois que pour procurer des ressources aux villes pour satisfaire à certains besoins et pour arrêter le mouvement irréfléchi qui pousse les populations vers les villes. Dans le premier cas, M. le ministre a raison de tendre à niveler et à réduire le prix des substances alimentaires pour les habitants des villes. Pour le deuxième cas, l'on peut faire observer que si les villes ont besoin de se procurer des ressources, elles doivent employer pour y parvenir les moyens les moins coûteux, qui causent le moins de troubles et de vexations, et qui atteignent chacun suivant ses moyens.

Si les dépenses de perception des droits d'octroi, tout frais compris, s'élèvent à Rouen à environ 400,000 fr., qui sont payés par les habitants bien infructueusement, puisque cette somme considérable ne leur profite pas, et son emploi ne présente que le désagrément de les soumettre à des visites journalières à l'entrée aux barrières ; tandis qu'en remplaçant cette perception de droits d'octroi par un droit au marc le franc de la valeur locative ou foncière à la charge des locataires, mais dont les propriétaires seraient responsables, comme de l'impôt des portes et fenêtres, le receveur municipal suffirait pour cette perception au moyen d'une augmentation d'honoraires.

Quant au troisième article, où M. le ministre dit : « Ce sont les taxes d'octroi et la cherté des denrées alimentaires qui, seules, peuvent arrêter le mouvement irréfléchi qui pousse les populations vers les villes ; ce sont ces taxes qui, seules, peuvent maintenir nos populations rurales dans les campagnes, où il y a pour elles plus de calme, de bien-être et de moralité. »

---

des métiers nécessaires, sont obligés de faire établir un matériel d'atelier très-dispendieux, voire même quelquefois de posséder les bâtiments ; le tout entraînant des sorties de fonds très-considérables, qui produisent de grandes pertes lorsque l'on opère une liquidation. — Il n'en est pas de même pour les fabricants de Lyon qui ne possèdent aucun atelier. — Le fabricant de Lyon qui confectionne avec les mêmes capitaux peut faire deux fois plus d'affaires et de bénéfices que le fabricant de Rouen.

En appréciant à sa juste valeur le raisonnement de M. le ministre, il reconnaît que les droits d'octroi arrêtent l'accroissement de population des villes, dont la conséquence est naturellement la réduction du prix des logements jusque dans le centre des villes qui sont frappées de droits d'octroi nombreux et élevés; que cette réduction de prix des loyers attire au centre des villes une population de certaines sortes de journaliers qui ne peuvent s'occuper que de quelques genres de travaux spéciaux qui leur manquent souvent. Cette population est toujours une charge pour les autres habitants, qui sont obligés de venir à son secours et pour lesquels c'est une plaie.

La concentration de la classse ouvrière au milieu des villes établit un contact qui enfante l'immoralité (1); il en serait tout autrement si les villes se trouvaient dégagées des octrois. Les chefs d'industrie se portent toujours au centre; les locations acquièrent des prix élévés; la classe ouvrière est obligée de rechercher des logements à bon marché; il faut, pour atteindre ce but, qu'elle se porte hors la ville; elle se dissémine sur tout le rayon *extrà muros* : alors, le contact cesse. Ainsi disparaissent les causes d'immoralité, et, dans cette situation *extrà muros*, elle devient apte à toutes sortes de travaux : ceux de la culture fixent aussi son attention; elle y trouve des ressources qu'on ne peut rencontrer dans le centre des villes.

A Rouen, l'unité des droits d'octroi pour la ville et les faubourgs produit justement les mauvaises conséquences signalées ci-dessus, qui sont cause que cette ville renferme une population ouvrière que l'on se refuse à qualifier, qui fait trop souvent retentir la cité de ses sinistres exploits, qui se cramponne dans le centre de la ville par la vilité du prix des logements, la grande facilité de se soustraire au paiement de leurs loyers et pour profiter de faibles secours.

A Lyon, ce n'est pas de même. Les droits d'octroi de la ville sont beaucoup moins élevés et moins nombreux qu'à Rouen, et les faubourgs qui composent une population de 100,000 âmes, sont soumis à des octrois insignifiants. C'est dans ces différents faubourgs que se retire la classe ouvrière, où elle vit à meilleur marché et observe une conduite honorable, et cependant, il n'est pas de ville où le prix des loyers soit

---

(1) L'on peut apprécier cette vérité quand on trouve à Rouen, sur 15,156 naissances pour les cinq dernières années, 3,348 enfants naturels, sans comprendre 2,566 enfants trouvés, formant ensemble la moitié des enfants légitimes, dont le chiffre est de 11,808.

plus élevé qu'à Lyon. La ville de Rouen, par suite de la mise en activité des chemins de fer établis et à établir, se trouve dans une position exceptionnelle ; il est donc nécessaire de recourir à des moyens exceptionnels pour la sortir du dépérissement où elle se trouve plongée. Le moyen le plus certain, le plus prompt qui procurera de grandes économies, est de supprimer à Rouen les octrois, plus l'exercice sur les boissons, qui offre pour les individus qui ne peuvent pas faire de provision le préjudice de payer plus cher des denrées indispensables et dont le droit augmente, même lorsqu'il y a disette, c'est-à-dire à mesure que le prix s'élève par suite de mauvaises récoltes, ce qui forme un accroissement d'aggravation (1).

Il faut se convaincre que la ville de Rouen étant débarrassée des octrois et de l'exercice, une population considérable viendrait s'y fixer et les sept huitièmes des propriétés qui, maintenant, n'ont aucun prix, acquerraient des valeurs considérables qui enrichiraient leurs propriétaires, en sorte que la fortune foncière et commerciale se trouverait considérablement accrue. En enrichissant la ville de Rouen, c'est enrichir le département et la province, et si, par la suite, comme le prévoient la Chambre de Commerce et la Société libre du Commerce et de l'Industrie, cette grande ville éprouve la perte d'une partie considérable de sa navigation, favorisée par son port et la suppression des octrois et de l'exercice, elle pourra devenir le siége et le centre de plusieurs industries fabriquant des articles de consommation indigène et d'exportation.

L'on peut d'avance se former une idée de la transformation de Rouen avec les octrois et l'exercice et Rouen sans octrois et sans l'exercice.

Les départements du Rhône et de la Loire ne sont pas les seuls qui aient acquis une grande population, celui des Bouches-du-Rhône est indiqué dans le Dictionnaire Vosgien de 1825 pour 320,000 âmes, et dans le *Moniteur Universel* du 14 mai 1852 pour 429,000 habitants. La ville de Marseille qui, suivant les calculs du secrétaire en chef de la mairie, comptait, en 1810, 104,049 habitants, en comptait, en 1850,

---

(1) Voir au *Journal de Rouen*, 2 octobre 1852, l'adresse du Comice Agricole de Toulon à M. le président, dont un paragraphe commence par ces mots : « Nos campagnes n'aiment pas l'exercice et l'impôt des boissons ; » et plus loin, on lit : « L'équilibre financier ne serait pas détruit si l'on rétablissait l'impôt sur le sel. » Cela se comprend, l'exercice a toujours contrarié ; l'impôt des boissons est payé en plus forte partie par les malheureux, tandis que l'impôt sur le sel serait payé par toutes les classes.

213,939. L'on doit comprendre que cet accroissement de population a dû doubler deux fois la fortune foncière et commerciale. (Voir le *Journal de Rouen* du 27 janvier 1851, et une lettre particulière du secrétaire en chef de la mairie de Marseille, que je peux produire.)

D'après ce qui précède, il entre dans les bonnes intentions de l'administration municipale de la ville de Rouen d'apprécier avec sagesse si la dépense que cause la perception actuelle des droits d'octroi aux barrières n'est pas trop élevée, si elle n'absorbe pas une grande partie de leurs produits en pure perte pour les contribuables, si la perception actuelle ne présente pas l'inconvénient de causer de la répugnance aux contribuables qui sont obligés de se soumettre à des visites aux barrières, enfin, si une répartition au marc le franc de la valeur foncière du produit net des octrois ne serait pas préférable, s'il n'en ressortirait pas une grande économie dans les frais de perception, puisque le receveur municipal, au moyen d'une faible augmentation de traitement, pourrait en être chargé ; si la suppression de la perception de l'octroi aux barrières ne produirait pas un accroissement de population dans la ville de Rouen, si cet accroissement de population ferait augmenter le prix des locations, si cette augmentation du prix des locations donnerait aux propriétés une valeur vénale supérieure, si cette valeur vénale supérieure des propriétés accroîtrait la fortune des propriétaires, si la fortune des propriétaires augmenterait la fortune commerciale, si le prix du loyer des logements étant plus élevé dans l'intérieur de la ville repousserait la population ouvrière dans son rayon *extrà muros*, si la classe ouvrière ainsi divisée et disséminée sur un grand cercle n'aurait pas plus de moralité que de rester agglomérée dans le centre de la ville, si elle aurait beaucoup plus d'occasions de se livrer aux travaux de la terre, qui lui entretiendraient la force et le courage et qui lui procureraient des moyens d'existence que lui refusent souvent les variations du commerce ; si la classe ouvrière, étant déchargée des droits d'octroi et des drois de consommation sur les boissons, se nourrirait mieux, et si l'on verrait cesser cette mortalité, qui surpasse à Rouen les naissances de 17 p. 100, dans laquelle les enfants des ouvriers de 10 ans et au-dessous entrent pour une grande part.

Je termine en exposant que la ville d'Elbeuf fournit la confirmation des faits articulés dans les présentes, relatifs à l'accroissement de la population et de la fortune foncière, commerciale et industrielle. Cette ville, qui n'a d'autres ressources que son industrie drapière, est soumise à de faibles droits d'octroi qui ne comprennent pas ses faubourgs. Les chefs d'industrie occupent le centre de la ville et la majorité des ouvriers habitent les faubourgs et la banlieue, d'où il est résulté un accroissement de population et de fortune pour ce canton, qui a dû atteindre un chiffre surprenant depuis 1815, dont on peut se rendre compte en aperçu par l'état des contributions de 1815 pour le canton comparé à celui de à 1852 (1).

A Elbeuf, toutes les propriétés ont de riches valeurs, tandis qu'à Rouen, la majeure partie n'a plus aucun prix, ce qui a été confirmé par l'administration municipale de Rouen, qui a constaté plus de 5,000 logements vacants dans Rouen, lorsqu'il s'agissait de l'assainissement du quartier Martainville par M. de Germiny.

Il résulterait de la suppression des droits d'octroi et de l'exercice sur les boissons à Rouen que cette grande ville, devenue plus riche, pourrait réunir par sa position les avantages de Londres pour la marine et de Manchester pour les fabriques cotonnières.

L'année 1852 s'est accomplie aussi par des résultats défavorables à l'humanité et à la moralité.

L'état civil constate 3,396 décès et 3,138 naissances, c'est-à-dire 258 décès de plus que de naissances: 709 enfants naturels et 488 enfants trouvés, formant ensemble un total de 1.197, ou presque la moitié du nombre des enfants légitimes, qui s'élève à 2,429.

— *Journal de Rouen*, 25 mai 1853:

« La *Presse* persévère dans l'examen de la question des loyers, la question à l'ordre du jour. Elle est d'avis qu'il ne faut pas s'effrayer de l'augmentation du loyer, qu'il ne faut la combattre, mais qu'il faut en profiter pour convertir l'impôt indirect progressif sur la misère en impôt direct proportionnel sur la fortune ; en un mot, pour supprimer l'octroi, pour agrandir le cercle de la grande cité que les étrangers sont étonnés de trouver si petite. « En résumé, dit M. E. de Girardin, que » faut-il à la ville de Paris? Il lui faut la certitude d'encaisser un revenu » égal à son revenu actuel. Or, loin d'y perdre, elle gagnerait à la con- » version des droits d'octroi en centimes additionnels, car ceux-ci ont

---

(1) Ce qui prouve l'importance de la population de la ville d'Elbeuf, c'est le chiffre des électeurs inscrits, qui s'est élevé à 10,531, et celui des votants à 7,326, tandis qu'à Orléans, le premier n'a atteint que 10,307, et le second 6,184 (*Journal do Rouen* du 21 novembre 1852) ; cependant, la ville d'Orléans compte 47,393 habitants. (*Journal de Rouen*, 29 juin 1852.)

» une fixité qui manque à ceux-là. Paris étant le principal centre de
» consommation et d'approvisionnement de la France, la France tout
» entière est intéressée à l'abolition de l'octroi de Paris. »

— *Journal de Rouen,* 30 mai 1853 :

La *Presse* insère une lettre qui vient appuyer sa proposition de supprimer l'octroi de Paris :

A. M. Emile de Girardin.

     « Monsieur,

     « Il ne faut pas désespérer de rien, pas plus de la suppression de
» l'octroi de Paris que de la démolition des logements insalubres. Vous
» avez donc parfaitement raison de revenir sans cesse, et aujourd'hui
» plus que jamais, sur ce sujet important. Rappelez-vous la visite que
» nous fîmes ensemble aux caves de Lille et aux greniers de Rouen, et
» l'audace avec laquelle on niait alors officiellement à la tribune les dé-
» plorables faits que nous avions vus de nos yeux, les malheureuses vic-
» times auxquelles *nous avions parlé* ; quelques jours auparavant,
» j'avais signalé plus de 1,200 caves inhabitables dans la seule ville de
» Lille, vous savez combien nous fûmes honnis et bafoués pour en avoir
» fait part au public : les démentis pleuvaient de toutes parts, et il s'est
» trouvé un beau jour que nous n'avions dit que la moitié de la vérité.
» Trois ans se sont écoulés à peine, et, grâce à Dieu, ces immondes
» quartiers commencent à s'écrouler. Une salutaire émulation s'est
» emparée de toutes les admnistrations. Nous marchons désormais d'un
» pas ferme à l'assainissement universel. Qui nous l'eût dit alors nous
» aurait fort surpris.

     » J'espère qu'il en sera de même pour les octrois, et surtout pour
» l'octroi de la ville de Paris. Paris fait un trop bon usage de ses reve-
» nus pour que les amis éclairés du pays ne lui en souhaitent pas l'ac-
» croissement ; mais si, comme vous l'indiquez avec la conviction
» d'un homme qui connaît bien la question, ce résultat si désirable
» peut être obtenu par des moyens plus simples, plus justes, moins
» oppressifs, il n'y a point à hésiter. Il est évident que Paris étouffe dans
» sa première enceinte et tend à déborder jusqu'à ses fortifications.
» Les chemins de fer y versent tous les jours une population nou-
» velle, dont le temps est précieux, dont les consommations ne
» peuvent que s'accroître. A quoi bon maintenir un système d'impôt
» local qui semble créé tout exprès pour les réduire ? — Blanqui,
» membre de l'Institut. »

L'année 1853 présente déjà en décès plus que de naissances :

Janvier, décès de plus que de naissances. . . .	24		
Février — —	58		
Mars — —	68	}	257
Avril — —	63		
Mai — —	32		
Juin — —	12		
Juillet, naissances de plus que de décès	7		
Aout — —	31	}	121
Septembre — —	45		
Octobre — —	38		

$$\begin{array}{r} 136 \\ \text{Novembre, décès de plus qe de naissances.} \ldots \ldots \quad 36 \\ \hline 172 \end{array}$$

Les décès des onze premiers mois s'élèvent donc à 172 de plus que de naissances.

Doit-on ajouter aux décès de Rouen les enfants de Rouen qui meurent en nourrice ?

Il faut remarquer que le périmètre de Rouen soumis aux droits d'octroi est presque aussi étendu que Paris, siége du Gouvernement, des grandes administrations , des grandes fortunes et d'une population dix fois plus nombreuse.

La suppression , à Rouen , des droits d'octroi en général et de l'exercice sur les boissons profiterait à tout le monde. Les propriétaires de maisons vacantes verraient leurs logements se garnir de locataires ; ils recevraient des revenus qui leur permettraient de faire de grandes améliorations à leurs propriétés , ce qui créerait des travaux considérables et pour longtemps, surtout à Rouen , dont un si grand nombre de maisons ont tant besoin de restaurations pour être appelées maisons finies. Il y a lieu de dire que les propriétés acquérant par cette suppression une valeur supérieure dans Rouen , il entrerait dans l'intérêt des propriétaires de rebâtir les vieilles maisons. L'on verrait , sous les auspices et la protection de l'administration municipale, qui faciliterait les transactions , se former des sociétés d'entrepreneurs qui acheteraient des groupes de vieilles maisons pour les réédifier, certaines qu'elles seraient de rentrer dans leurs capitaux avec profits , tandis que dans la position actuelle de la ville de Rouen , les calculs les mieux établis, même avec la plus grande économie , ce qui conduit presque toujours à construire des habitations imparfaites , les bâtisseurs éprouvent des pertes souvent assez considérables pour causer leur déconfiture : issue pénible et affligeante pour des gens qui se dévouent à créer des travaux à la classe ouvrière et des habitations utiles à la société en général.

Il résulte de ce qui précède que l'administration municipale serait dispensée, dans l'avenir, de recourir à la bourse des contribuables par la création de 500,000 fr. de centimes communaux à établir par 10 centimes le franc sur le foncier, les portes et les fenêtres, les patentes, le proportionnel, le mobilier, etc., accroissement de contribution qui est supporté par des contribuables dont la très grande majorité n'a ni profit ni aucun intérêt à l'emploi de sommes aussi considérables.

L'occupation des 5,000 logements, constatés vacants par l'administration municipale, pourrait bien produire au Gouvernement, à raison de 100 fr. chacun pour les quatre contributions, soit 500,00 fr. par an. La contribution mobilière repartie sur un plus grand nombre d'habitants diminuerait proportionnellement. Ainsi, tout le monde gagnerait à la suppression en général des droits d'octroi et de l'exercice sur les boissons à Rouen.

Rouen. — Imprimerie de H. RENAUX, rue de l'Hôpital, 25.

www.ingramcontent.com/pod-product-compliance
Lightning Source LLC
Chambersburg PA
CBHW050358210326
41520CB00020B/6371